BEI GRIN MACHT SICH IHR WISSEN BEZAHLT

Bibliografische Information der Deutschen Nationalbibliothek:

Die Deutsche Bibliothek verzeichnet diese Publikation in der Deutschen National-
bibliografie; detaillierte bibliografische Daten sind im Internet über http://dnb.d-
nb.de/ abrufbar.

Impressum:

Copyright © 2013 GRIN Verlag, Open Publishing GmbH
Druck und Bindung: Books on Demand GmbH, Norderstedt Germany
ISBN: 978-3-668-02270-6

Dieses Buch bei GRIN:

http://www.grin.com/de/e-book/302928/stochastik-fuer-lehramtskandidaten-fragen-
zur-muendlichen-pruefung

Birgit Bergmann

Stochastik für Lehramtskandidaten. Fragen zur mündlichen Prüfung

GRIN Verlag

GRIN - Your knowledge has value

Der GRIN Verlag publiziert seit 1998 wissenschaftliche Arbeiten von Studenten, Hochschullehrern und anderen Akademikern als eBook und gedrucktes Buch. Die Verlagswebsite www.grin.com ist die ideale Plattform zur Veröffentlichung von Hausarbeiten, Abschlussarbeiten, wissenschaftlichen Aufsätzen, Dissertationen und Fachbüchern.

Besuchen Sie uns im Internet:

http://www.grin.com/

http://www.facebook.com/grincom

http://www.twitter.com/grin_com

UNIVERSITÄT WIEN

FAKULTÄT FÜR MATHEMATIK

Prüfungsfragen zur Stochastik für LAK (mündlich)

abgetippt von:

Birgit BERGMANN

Sommersemester 2013

Erstellt mit LaTeX

Was ist Wahrscheinlichkeit? Wie ist diese naiv definiert?

Bei der Wahrscheinlichkeit geht es um Dinge, die vom Zufall abhängen

$$P(A) := \lim_{n \to \infty} \frac{N_n(A)}{n}$$

$N_n(A)$ ... Anzahl, wie oft A bei n Versuchen augetreten ist

Es handelt sich deshalb um den Limes der relativen Häufigkeit

Was sind die Hauptprobleme?

- Grenzwert: Wir können das Experiment nicht unendlich oft durchführen und daher keinen Grenzwert bestimmen (weil wir keine Folge haben)

- Konvergenzkriterium: Selbst wenn wir eine Folge haben, so wissen wir nicht, ob die Folge konvergiert

Was braucht man alles für die Axiomatische Wahrscheinlichkeit?

$\Rightarrow \sigma-$Algebra

Sei $\Omega \neq \emptyset$. Eine Familie $\mathcal{A}$ von Teilmengen von Ω ($A \in \Omega \Rightarrow A \subseteq \Omega$) heißt σ-Algebra, falls:

(1) $\emptyset \in \mathcal{A}$

(2) Falls $A \in \mathcal{A}$, dann ist $\Omega \backslash A \in \mathcal{A}$ (d.h. wenn $A \in \mathcal{A}$, dann ist auch das Komplement drinnen)

(3) Falls $(A_j)_{j \in \mathbb{N}} \in \mathcal{A}$, dann ist $\bigcup_{j \in \mathbb{N}} A_j \in \mathcal{A}$ (d.h. die Vereinigung ist ebenfalls drinnen)

$\Rightarrow$ Wahrscheinlichkeitsraum

Es sei $\Omega \neq 0$, $\mathcal{A}$ eine σ-Algebra auf Ω und P ein Wahrscheinlichkeitsmaß auf $\mathcal{A}$. Dann nennt man $(\Omega, \mathcal{A}, P)$ einen Wahrscheinlichkeitsraum.

Ω ... Menge aller möglichen Ereignisse, $\mathcal{A}$ ... σ-Algebra, P ... Wahrscheinlichkeitsmaß

Was ist ein Wahrscheinlichkeitsmaß?

Sei $\Omega \neq 0$ und sei $\mathcal{A}$ eine σ-Algebra auf Ω. Eine Funktion $P : \mathcal{A} \to \mathbb{R}$ heißt Wahrscheinlichkeitsmaß, falls:

(1) $\forall A \in \mathcal{A} : P(A) \geq 0$

(2) $P(\Omega) = 1$

(3) Falls $(A_j)_{j \in \mathbb{N}} \in \mathcal{A}$ und paarweise disjunkt, dann gilt

$$P\left(\bigcup_{j \in \mathbb{N}} A_j\right) = \sum_{j \in \mathbb{N}} P(A_j)$$

$\Rightarrow$ Als Ergebnis erhalten wir eine Zahl

Welche Eigenschaften hat das Wahrscheinlichkeitsmaß?

$P(\Omega) = 1, \ P(A) \geq 0$

<u>wichtiger:</u> Falls $(A_j)_{j \in \mathbb{N}} \in \mathcal{A}$ und paarweise disjunkt, dann gilt

$$P\left(\bigcup_{j=1}^{\infty} A_j\right) = \sum_{j=1}^{\infty} P(A_j)$$

Wie hängen die naive und die axiomatische Wahrscheinlichkeit zusammen?

$\Rightarrow$ durch das **Starke Gesetz der großen Zahlen**

Sei $(\Omega, \mathcal{A}, P)$ ein Wahrscheinlichkeitsmaß und $(X_n)_{n \in \mathbb{N}}$ eine Folge von unabhängigen, integrierbaren Zufallsvariablen auf $(\Omega, \mathcal{A}, P)$, die gleiche Verteilung haben. Setze $\mu := E(X_1)$. Dann gilt:

$$\lim_{n \to \infty} \frac{1}{n} \sum_{j=1}^{n} X_j = \mu \quad P - \text{fast sicher}$$

Modell vom Immer-wieder-Wiederholen

Wahrscheinlichkeitsraum $(\Omega, \mathcal{A}, P)$ (Experiment einmal durchführen)

Wahrscheinlichkeitsraum $(\tilde{\Omega}, \tilde{\mathcal{A}}, \tilde{P})$ (Immer-wieder-Wiederholen)

$\tilde{\Omega} := \{(\omega_1, \omega_2, \ldots) : \omega_n \in \Omega \ \forall n \in \mathbb{N}\}$

Sei $n \in \mathbb{N}$ und seien $A_1, A_2, \ldots, A_n \in \mathcal{A}$.

Setze $[A_1, A_2, \ldots, A_n] := \{(\omega_1, \omega_2, \ldots) \in \tilde{\Omega} : \omega_1 \in A_1, \omega_2 \in A_2, \ldots, \omega_n \in A_n\} \ldots$ Zylindermenge

$\tilde{\mathcal{A}}$ sei die von der Zylindermenge erzeugte σ-Algebra

Setze $\tilde{P}([A_1, A_2, \ldots, A_n]) := \prod_{j=1}^{n} P(A_j)$

$(\Omega, \mathcal{A}, P), \ X : \Omega \to \mathbb{R}$ Zufallsvariable

$(\tilde{\Omega}, \tilde{\mathcal{A}}, \tilde{P})$ Für $n \in \mathbb{N}$ setze $\tilde{X}_n : \tilde{\Omega} \to \mathbb{R}, \ \tilde{X}_n((\omega_1, \omega_2, \ldots)) := X(\omega_n)$

Zufallsvariable X beim n-ten Versuch... $X(\omega_n)$

Das ist eine Zufallsvariable, weil für $\alpha \in \mathbb{R}$ gilt:

$$\{\tilde{X}_n \leq \alpha\} = [\Omega, \Omega, \ldots, \Omega, \{X \leq \alpha\}] \in \mathcal{A}$$

Warum braucht man die σ-Algebra?

Beim Glücksrad kann man nicht von allen Möglichkeiten die Wahrscheinlichkeit ausrechnen. Man lässt nur gewisse Werte zu und zwar $\alpha \in \mathbb{R} \backslash \mathbb{Q}$

Wie kann man die Wahrscheinlichkeit konkret ausrechnen?

mit der Laplace-Wahrscheinlichkeit

In der Schule ist das formale Hinschreiben eher schlecht, es sollte zuerst naiv gerechnet werden

Ist bei elementaren Beispielen immer klar, wie sie zu rechnen sind?

Nein, Gegenbeispiel: Gegeben sei ein Kreis. Wir wählen zufällig eine Sehne. Wie groß ist P, dass die Länge dieser Sehne $\leq$ Radius ist?

Man kann die Wahrscheinlichkeit auf 3 Möglichkeiten [1) Wir wählen zufällig zwei Punkte, 2) Wir wählen zufällig eine Richtung vom Mittelpunkt, auf der Strecke zufällig einen Punkt und bilden die Senkrechte darauf, 3) Wir wählen zufällig einen Durchmesser dort zufällig einen Punkt, bilden die Senkrechte und erhalten 2.Punkt am Kreis] und haben 3 verschiedene Ergebnisse [1) $P = \frac{1}{3}$, 2) $P = 1 - \frac{1}{2}\sqrt{3} \approx 0.1340$, 3) $P = \frac{1}{4}$] erhalten. Daraus folgt, dass es nicht klar ist, was mit zufällig wählen gemeint ist. Es ist NICHT immer klar, weil es müsste genauer gesagt werden, was zufällig wählen bedeutet.

Wie groß ist die Wahrscheinlichkeit, dass wir beim Würfeln irgendwann einen 6er haben?

P(6er irgendwann) = 1, das besagt da Null-Eins-Gesetz

Das Null-Eins-Gesetz sagt aus, dass die Wahrscheinlichkeit für Ereignisse größer Null gleich Eins ist, d.h. die Wahrscheinlichkeit, dass es irgendwann eintritt, ist Eins.

Wir würfeln 400mal und 399mal ist bereits ein 6er gekommen. Wie groß ist die Wahrscheinlichkeit, dass jetzt noch einmal ein 6er kommt?

$\rightarrow p = \dfrac{1}{6}$

Begründungen:

(1) anschaulich: Der Würfel hat sich nicht gemerkt, auf welche Seite er gefallen ist

(2) mathematisch: aufgrund der Unabhängigkeit

(3) mathematisch: wegen der bedingten Wahrscheinlichkeit

Warum kommt bei einem Mal würfeln der 6er mit Wahrscheinlichkeit $p = \dfrac{1}{6}$?

Begründungen:

(1) Der Würfel hat 6 Seiten und ist symmetrisch. Warum sollte eine Seite öfters kommen?

(2) wegen der Entropie (durchschnittliche Information)

Was ist Entropie?

Definition: Sei $\begin{pmatrix} p_1 \\ p_2 \\ \vdots \\ p_n \end{pmatrix}$ eine Wahrscheinlichkeitsverteilung. Dann heißt $h \begin{pmatrix} p_1 \\ p_2 \\ \vdots \\ p_n \end{pmatrix} := -\sum_{j=1}^{n} p_j \log p_j$ die Entropie die-

ser Wahrscheinlichkeitsverteilung, wobei $-0 \log 0 := 0$

Satz: Für jede Wahrscheinlichkeitsverteilung $\begin{pmatrix} p_1 \\ \vdots \\ p_n \end{pmatrix}$ gilt $h \begin{pmatrix} p_1 \\ \vdots \\ p_n \end{pmatrix} \leq \log n$. Weiters gilt $h \begin{pmatrix} p_1 \\ \vdots \\ p_n \end{pmatrix} = \log n$ genau

dann, wenn $p_j = \dfrac{1}{n} \; \forall j \in \{1, \ldots, n\}$

Anmerkungen: $-\log p_j$ liefert das j-te Ergebnis daraus folgt, dass die Summe die durchschnittliche Information beschreibt

Beweis des Satzes: Wir haben den Satz mittels Induktion bewiesen. Beim Induktionsschritt handelt es sich um eine Extremwertaufgabe. Wir haben die Methode der Langrange'schen Multiplikatoren ($F = f - \lambda g$) verwendet, wobei g die Nebenbedingung ist!

$$F = -\sum_{j=1}^{n} p_j \log p_j - \lambda \left(\sum_{j=1}^{n} p_k - 1 \right)$$

Dieser Ausdruck muss nach p_j abgeleitet werden, d.h. die partiellen Ableitungen berechnen und somit erhalten wir:

$$0 = \frac{\partial F}{\partial p_j} \overset{\text{Produktregel}}{=} -\log p_j - \underbrace{p_j \frac{1}{p_j}}_{=1} - \lambda \cdot 1$$

Dann formen wir den Ausdruck um und erhalten:

$$p_j = e^{-\lambda - 1}$$

Jetzt verwenden wir die Nebenbedingung und betrachten den RAND und nicht die 2.Ableitung ausrechnen, weil diese nur Information zu lokalen Extrema liefert. Wir interessieren uns für globale Extrema und daher muss der Rand betrachtet werden:

Rand: $\exists j$ mit $p_j = 0$

Danach ist die Induktion möglich

Kombinatorik

z.B. Wie viele Möglichkeiten gibt es in Italien einen Lottoschein auszufüllen?

Es gibt 90 Kugeln und es werden 6 Kugel gezogen. Also $\binom{90}{6}$

Wie kommt diese Formel zustande?

1. Kugel: 90 Möglichkeiten, 2. Kugel: 89 Möglichkeiten, ...

Wie lautet die axiomatische Definition einer Zufallsvariablen?

Sei $(\Omega, \mathcal{A}, P)$ ein Wahrscheinlichkeitsraum. Eine Funktion $X : \Omega \to \mathbb{R}$ heißt Zufallsvariable (zufällige Veränderliche), falls $\forall \alpha \in \mathbb{R} : \{\omega \in \Omega : X(\omega) \leq \alpha\} \in \mathcal{A}$ (Messbarkeitsbedingung)

Was ist eine Zufallsvariable?

Die Zufallsvariable ist eine Funktion $X : \Omega \to \mathbb{R}$, die bestimmte Bedingungen erfüllen muss. Diese Funktion hängt mit der Verteilung zusammen.

Wie ist die Verteilung von X definiert?

Sei $(\Omega, \mathcal{A}, P)$ ein Wahrscheinlichkeitsraum und X eine Zufallsvariable auf Ω. Dann heißt die Funktion $F : \mathbb{R} \to \mathbb{R}$, die durch $F(t) := P(X \leq t)$ definiert ist, die Verteilung von X.

Um das Problem mit dem Ergebnis auf der rechten Seite zu umgehen, definiert man: $\forall \alpha \in \mathbb{R} : \{X \leq \alpha\} \in \mathcal{A}$. Und so hängen die beiden Definitionen, die der Zufallsvariable und die der Verteilung, zusammen!

Was ist dabei ein wichtiger Zwischenschritt?

Das Wegkommen vom Wahrscheinlichkeitsraum ist ein wichtiger Schritt. In diesem Zusammenhang ist dieser Satz ganz wichtig:

Eine Funktion $F : \mathbb{R} \to \mathbb{R}$ ist genau dann Verteilung einer Zufallsvariablen X auf einem Wahrscheinlichkeitsraum $(\Omega, \mathcal{A}, P)$, wenn

(1) für $a \leq b$ ist $F(a) \leq F(b)$ (monoton wachsend)

(2) $\lim_{t \to -\infty} F(t) = 0$ und $\lim_{t \to \infty} F(t) = 1$

(3) $\forall a \in \mathbb{R} : \lim_{t \to a^+} F(t) = F(a)$ (rechtsseitig stetig)

Womit darf man die rechtsseitige Stetigkeit nicht verwechseln?

$\Rightarrow$ mit der Halbstetigkeit, ist zwar ein ähnlicher Begriff, bedeutet aber etwas ganz anderes

einseitig stetig... Hälfte der Stetigkeit auf der x-Achse - Die Funktion muss weder ein Minimum noch ein Maximum

haben

halbstetig... Hälfte der Stetigkeit auf der y-Achse

Welche 2 wichtigen Typen von Zufallsvariablen haben wir kennengelernt?

$\Rightarrow$ diskrete und kontinuierliche Zufallsvariablen

diskrete Zufallsvariable: Eine Zufallsvariable heißt diskret, falls sie nur endlich viele oder abzählbar viele Werte annimmt.

kontinuierliche (stetige) Zufallsvariable: Eine Zufallsvariable X heißt kontinuierlich (stetig), falls es eine Dichtefunktion (Verteilung) $f : \mathbb{R} \to \mathbb{R}$ gibt, sodass $P(a \leq X \leq b) = \int_a^b f(t)\, dt \ \forall a \leq b \in \mathbb{R}$

Was gibt man diskreten bzw. kontinuierlichen Zufallsvariablen an?

diskret: einen Wahrscheinlichkeitsvektor $p_j := P(X = \alpha_j)$

kontinuierlich: die Dichtefunktion f

Wie hängen die Dichte- und Verteilungsfunktion bei kontinuierlichen Zufallsvariablen zusammen?

Wenn wir die Verteilung F kennen, erhalten wir die Dichte f als $f = F'$, also über den Hauptsatz der Differential- und Integralrechnung

Ist eine Zufallsvariable immer diskret oder kontinuierlich?

NEIN, denn z.B.

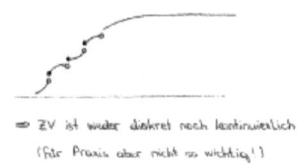

$\Rightarrow$ ZV ist weder diskret noch kontinuierlich!

(für Praxis aber nicht so wichtig!)

Wie ist der Erwartungswert definiert?

<u>naiv:</u> Der Mittelwert bei n Versuchen konvergiert für $n \to \infty$ gegen den Erwartungswert

<u>formal:</u> Der Erwartungswert ist ein Integral: $E(X) = \int X \, dP$

Beim Starken Gesetz der großen Zahlen haben wir gesehen, dass man den Erwartungswert auch als Mittelwert angeben kann

Wie kann man die Abweichung vom Erwartungswert messen?

mit der Streuung

Wie ist die Streuung definiert?

Eine Zufallsvariable $X : \Omega \to \mathbb{R}$ (integrierbar) besitzt eine Varianz, falls $E((X - E(X)))^2$ existiert. Man nennt dann $V(X) := E((X - E(X))^2)$ die Varianz von X und $\sigma(X) = \sqrt{V(X)}$ die Streuung von X.

Wie kann man den Erwartungswert für diskrete bzw. kontinuierliche Zufallsvariablen berechnen?

<u>diskret:</u>

- $E(X) = \sum_{j \in J} \alpha_j \cdot P(X = \alpha_j)$

- $E(X^2) = \sum_{j \in j} \alpha_j^2 \cdot P(X = \alpha_j)$

<u>kontinuierlich:</u>

- $E(X) = \int_{-\infty}^{\infty} t \cdot f(t) \, dt$

- $E(X^2) = \int_{-\infty}^{\infty} t^2 f(t) \, dt$

Was sind die 5 Hauptverteilungen?

Binomialverteilung, Normalverteilung, Poissonverteilung, Geometrische Verteilung, Exponentialverteilung

Wie ist die Binomialverteilung definiert?

Sei $n \in \mathbb{N}_0$, $p \in [0, 1]$ (interessant ist $n \geq 1$ und $p \in (0, 1)$). Dann heißt eine Zufallsvariable X binomialverteilt mit den Parametern n und p (B(n,p)-verteilt), falls $P(X = k) = \binom{n}{k} p^k (1 - p)^{n-k}$ für $k \in \{0, 1, \ldots, n\}$

Welche Werte können angenommen werden?

Es dürfen alle natürlichen Zahlen angenommen werden

Wo tritt diese Verteilung auf?

Die Binomialverteilung tritt auf, wenn ein Versuch/Experiment n-mal durchgeführt wird/werden kann

X ... Anzahl, wie oft A eintritt

Was kommt beim Erwartungswert von X und der Streuung von X heraus?

Sei $n \in \mathbb{N}_0$, $p \in [0,1]$ und die Zufallsvariable X sei B(n,p)-verteilt. Dann gilt $E(X) = np$ und $\sigma(X) = \sqrt{np(1-p)}$

Beweis des Erwartungswertes

$$E(X) = \sum_{k=0}^{n} k \underbrace{P(X=k)}_{= \binom{n}{k}p^k q^{n-k}} = \sum_{k=1}^{n} k \underbrace{\frac{n(n-1)\cdots(n-k+1)}{k(k-1)!}}_{= n\binom{n-1}{k-1}} \underbrace{p^k}_{= pp^{k-1}} \underbrace{q^{n-k}}_{= q^{(n-1)-(k-1)}} =$$

$$= np\sum_{k=1}^{n} \binom{n-1}{k-1}p^{k-1}q^{(n-1)-(k-1)} \overset{\text{Indexverschiebung } k-1\to k}{=} np\underbrace{\sum_{k=0}^{n-1} \binom{n-1}{k}p^k q^{n-1-k}}_{\overset{\text{binom. LS}}{=} (p+q)^{n-1} = 1} = np$$

Wie ist die Normalverteilung definiert?

Seien $\mu, \sigma \in \mathbb{R}$, $\sigma > 0$. Dann heißt eine Zufallsvariable X normalverteilt mit den Parametern μ und σ (N(μ,σ)-verteilt), falls $\forall - \infty \leq a < b \leq \infty$: $P(a \leq X \leq b) = \int_a^b \underbrace{\frac{1}{\sigma\sqrt{2\pi}}e^{-\frac{(t-\mu)^2}{2\sigma^2}}}_{\text{Dichte der } N(\mu,\sigma)-\text{Verteilung}} dt$

Welche Werte können angenommen werden?

Es dürfen für μ alle reellen Zahlen und für σ alle positiven reellen Zahlen angenommen werden

Wo tritt diese Verteilung auf?

Länge von Nägeln, Größe von Menschen, Höhe von Bäumen, Lebensdauer von Menschen/Tieren/Maschinen mit Abnützung...

Was kommt beim Erwartungswert von X und der Streuung von X heraus?

Seien $\mu, \sigma \in \mathbb{R}$, $\sigma > 0$ und X sei eine N(μ,σ)-verteilte Zufallsvariable. Dann ist $E(X) = \mu$ und $\sigma(X) = \sigma$

Beweis des Erwartungswertes

$$E(X) = \int_{-\infty}^{\infty} t\frac{1}{\sigma\sqrt{2\pi}}e^{\frac{-(t-\mu)^2}{2\sigma^2}} dt = \left(\begin{array}{c} s = \frac{t-\mu}{\sigma\sqrt{2}} \\ t = \mu + s\sigma\sqrt{2} \end{array}\right) = \int_{-\infty}^{\infty} (\mu + s\sigma\sqrt{2})\frac{e^{-s^2}}{\sqrt{\pi}} ds =$$

$$= \frac{\mu}{\sqrt{\pi}} \underbrace{\int_{-\infty}^{\infty} e^{-s^2} ds}_{= \sqrt{\pi}} + \frac{\sigma\sqrt{2}}{\sqrt{\pi}} \underbrace{\int_{-\infty}^{\infty} se^{-s^2} ds}_{= 0} = \mu$$

Wie ist die Poissonverteilung definiert?

Sei $\lambda \in \mathbb{R}$, $\lambda > 0$. Dann heißt eine Zufallsvariable X poissonverteilt mit Parameter λ (P(λ)-verteilt), falls
$P(X = k) = \dfrac{\lambda^k}{k!} e^{-\lambda}$ für $k \in \mathbb{N}_0$ (diskrete Zufallsvariable)

Welche Werte können angenommen werden?

Es dürfen für λ alle reellen Zahlen und für k alle natürlichen Zahlen mit Null angenommen werden

Wo tritt diese Vereilung auf?

Anzahl der Personen, die sich in einem Zeitintervall anstellen

Anzahl der Autos, die auf einen Parkplatz kommen

Anzahl der Telefonanrufe, die in einer Telefonzentrale ankommen

Was kommt beim Erwartungswert von X und bei der Streuung von X heraus?

Sei X eine P(λ)-verteilte Zufallsvariable. Dann ist $E(X) = \lambda$ und $\sigma(X) = \sqrt{\lambda}$

Beweis des Erwartungswertes

$$E(X) = \sum_{k=0}^{\infty} k \cdot \underbrace{P(X = k)}_{= \frac{\lambda^k}{k!} e^{-\lambda}} = e^{-\lambda} \sum_{k=1}^{\infty} k \underbrace{\frac{\lambda^k}{k!}}_{= \frac{\lambda \lambda^{k-1}}{k(k-1)!}} = \lambda e^{-\lambda} \underbrace{\sum_{k=1}^{\infty} \frac{\lambda^{k-1}}{(k-1)!}}_{= \sum_{k=0}^{\infty} \frac{\lambda^k}{k!} = e^{\lambda}} = \lambda e^{-\lambda} e^{\lambda} = \lambda$$

Wie ist die Geometrische Verteilung definiert?

Sei $p \in (0,1)$. Dann heißt eine Zufallsvariable X geometrisch-verteilt mit Paramter p, falls $P(X = k) = p(1-p)^{k-1}$ für $k \in \mathbb{N}$

(Es handelt sich dabei um eine diskrete Zufallsvariable. Die geometrische Verteilung hängt mit der Binomialverteilung zusammen)

Welche Werte können angenommen werden?

Es dürfen für k alle natürlichen Zahlen außer Null angenommen werden

Wo tritt diese Verteilung auf?

X... Anzahl der Versuche bis A das erste Mal eintritt

$X = k$, falls bei den ersten $k-1$ Versuchen A nicht eintritt und A beim k-ten Versuch eintritt

Was kommt beim Erwartungswert von X und bei der Streuung von X heraus?

Sei $p \in (0,1)$ und sei X eine geometrisch verteilte Zufallsvariable mit Parameter p. Dann gilt: $E(X) = \dfrac{1}{p}$ und

$$\sigma(X) = \frac{\sqrt{1-p}}{p} = \frac{\sqrt{q}}{p}$$

Beweis des Erwartungswertes

$$E(X) = \sum_{k=1}^{\infty} k \cdot \underbrace{P(X=k)}_{q^{k-1}p} = p \underbrace{\sum_{k=1}^{\infty} kq^{k-1}}_{} = \frac{1}{p}$$

$$= \frac{1}{(1-q)^2} = \frac{1}{p^2}$$

Der Beweis funktioniert über die Geometrische Reihe und als Potenzreihe, bleibt ihr Konvergenzradius auch beim Ableiten gleich ($R = 1$)

Wie ist die Exponentialverteilung definiert?

Sei $\lambda \in \mathbb{R}$, $\lambda > 0$. Dann heißt eine Zufallsvariable X exponentialverteilt mit Parameter λ (E(λ)-verteilt), falls X die

Dichte $f(t) = \begin{cases} 0 & \text{für } t \leq 0 \\ \lambda e^{-\lambda t} & \text{für } t > 0 \end{cases}$ hat.

(Die Exponentialverteilung hängt mit der Poissonverteilung zusammen)

Welche Werte können angenommen werden?

Es dürfen für λ alle positiven reellen Zahlen angenommen werden

Wo tritt diese Verteilung auf?

Warteschlangen, Lebensdauer von Glühbirnen (keine Abnützung)

X... Wartezeit bis der/die erste KundIn an die Kasse kommt

Was kommt beim Erwartungswert von X und bei der Streuung von X heraus?

Sei $\lambda > 0$ und X eine E(λ)-verteilte Zufallsvariable. Dann gelten $E(X) = \dfrac{1}{\lambda}$ und $\sigma(X) = \dfrac{1}{\lambda}$

Beweis des Erwartungswertes

$$E(X) = \int_{-\infty}^{\infty} x f(x)\,dx = \int_{0}^{x} x\lambda e^{-\lambda x}\,dx = \lambda \int_{0}^{x} x e^{-\lambda x}\,dx = \lambda \left[-\frac{1}{\lambda} e^{-\lambda x} x \Big|_{0}^{\infty} + \frac{1}{\lambda} \int_{0}^{\infty} e^{-\lambda x}\,dx \right] =$$

$$= -\frac{1}{\lambda} e^{-\lambda x} \Big|_{0}^{\infty} = \frac{1}{\lambda}$$

Was gibt es sonst noch für Verteilungen?

Gammaverteilung, Chi-Quadrat-Verteilung, Studentverteilung

Wie ist die unabhängige Zufallsvariable definiert?

Sei $(\Omega, \mathcal{A}, P)$ ein Wahrscheinlichkeitsraum, $(X_j)_{j \in J}$ eine Familie von Zufallsvariablen $X_j : \Omega \to \mathbb{R}$. Dann heißt $(X_j)_{j \in \mathbb{N}}$ unabhängig, falls $\forall j_1, j_2, \ldots, j_n \in J$ mit $j_k \neq j_l$ für $k \neq l$, $\forall B_1, B_2, \ldots, B_n \in \mathcal{B}$ (Borelmengen) gilt:

$$\underbrace{P(X_{j_1} \in B_1, X_{j_2} \in B_2, \ldots, X_{j_n} \in B_n)}_{= \bigcap\limits_{k=1}^{n} \{X_{j_k} \in B_k\}} = \underbrace{\prod_{k=1}^{n} P(X_{j_k} \in B_k)}_{= P(X_{j_1} \in B_1) P(X_{j_2} \in B_2) \cdots P(X_{j_n} \in B_n)}$$

Unter welchen Konstruktionen bleibt die Unabhängigkeit erhalten?

beim Abschneiden von Zufallsvariablen, wenn wir Funktionen darauf anwenden

Beispiele der Unabhängigkeit

$(X_n)_{n \in \mathbb{N}}$ unabhängig $\Rightarrow (X_n^2)_{n \in \mathbb{N}}$ unabhängig

X_1, X_2, X_3, X_4 unabhängig $\Rightarrow X_1^2, X_2^2, X_3^2, X_4^2$ unabhängig

X_1, X_2, X_3, X_4 unabhängig $\Rightarrow X_1^2, X_2^7, e^{X_3}, \sin(X_4)$ unabhängig

$X_1, \ldots, X_n$ unabhängig $\Rightarrow X_1 + X_2 + \ldots + X_k + X_{k+1} + \ldots + X_n$ unabhängig

$\to$ D.h. wir können die Zufallsvariablen an verschiedenen Stellen abschneiden und für jede Zufallsvariable kann man sich das aussuchen!

Was für Eigenschaften haben unabhängige, integrierbare Zufallsvariablen?

(1) Der Erwartungswert des Produkts ist gleich dem Produkt der Erwartungswerte

(2) Die Varianz der Summe ist gleich der Summe der Varianzen

(3) Die Dichte von $X + Y$ ist gleich der Faltung

Wie ist die Faltung definiert?

Für Funktionen f_1, f_2 nennt man $(f_1 * f_2)(x) := \int_{-\infty}^{\infty} f_1(x - t) f_2(t) \, dt$ die Faltung von f_1 und f_2

Wie ist die gemeinsame Dichte definiert?

Es seien X, Y Zufallsvariablen. Dann nennt eine Funktion $g : \mathbb{R}^2 \to \mathbb{R}$ gemeinsame Dichte von $\binom{X}{Y}$, falls

$$\forall \alpha_1, \alpha_2 \in \mathbb{R} : \underbrace{P(X \leq \alpha_1, Y \leq \alpha_2)}_{= P\left(\binom{X}{Y} \leq \binom{\alpha_1}{\alpha_2}\right)} = \int_{-\infty}^{\alpha_1} \int_{-\infty}^{\alpha_2} g(x_1, x_2) \, dx_2 \, dx_1$$

$\underline{\text{Eigenschaften von } g}$: $g \geq 0$, g integrierbar, $\iint_B g = 1$

Das starke Gesetz der großen Zahlen

Sei $(\Omega, \mathcal{A}, P)$ ein Wahrscheinlichkeitsraum, $(X_n)_{n \in \mathbb{N}}$ eine Folge von unabhängigen, integrierbaren Zufallsvariablen auf $(\Omega, \mathcal{A}, P)$, die gleiche Verteilung haben. Setze $\mu := E(X_1)$. Dann gilt:

$$\lim_{n \to \infty} \frac{1}{n} \sum_{j=1}^{n} X_j = \mu \quad P - \text{fast sicher}$$

Beweis:

siehe Skript!

Was heißt P-fast sicher?

Das arithmetische Mittel von $X_1, X_2, \ldots, X_n$ konvergiert für $n \to \infty$ P-fast sicher gegen den Erwartungswert $E(X_1)$ wenn dieser exisitiert. Das heißt, dass der Limes P-fast sicher ist.

ACHTUNG! Es handelt sich hier nicht um einen punktweisen oder gleichmäßigen Limes, sondern um einen P-fast sicheren Limes

Wo überall tritt der Zentrale Grenzwertsatz auf?

Bei der Normalverteilung tritt er häufig als Näherung auf, aber nicht exakt. Denn locker gesehen sagt der Zentrale Grenzwertsatz das Folgende aus: *Wenn man viele unabhängige, quadratisch integrierbare Einflüsse hat und davon die Summe bildet, dann ist das Ergebnis annähernd normalverteilt*

Bei der Binomialverteilung tritt der Zentrale Grenzwertsatz ebenfalls auf (Approximation der Binomialverteilung durch die Normalverteilung)

Worauf ist die Statistik aufgebaut?

Sie beruht auf der Theorie. Historisch war das genau umgekehrt: Man hat einen Würfel genommen und zu spielen begonnen. Erst später hat man versucht, Wahrscheinlichkeiten zu berechnen.

Womit haben wir uns in der beschreibenden Statistik befasst?

mit dem Modell des Immer-wieder-Wiederholens

Welche Definitionen haben wir hier gehabt?

Wir haben den Median, den Mittelwert und die Standardabweichung definiert.

Definition: Für Werte $a_1 \leq a_2 \leq \ldots \leq a_n$ in $\mathbb{R}$ nennt man $\begin{cases} a_{\frac{n+1}{2}} & \text{falls } n \text{ ungerade} \\ \dfrac{a_{\frac{n}{2}} + a_{\frac{n}{2}+1}}{2} & \text{falls } n \text{ gerade} \end{cases}$ der Median von $a_1, a_2, \ldots, a_n$

Definition: Man nennt $m = \dfrac{1}{n} \sum\limits_{j=1}^{n} a_j$ den Mittelwert (arithmetisches Mittel) von $a_1, a_2, \ldots, a_n$

Definition: Man nennt $s := \sqrt{\dfrac{1}{n-1} \sum\limits_{j=1}^{n}(a_j - m)^2}$ die Standardabweichung von $a_1, a_2, \ldots, a_n$ (empirische/statistische

Standardabweichung, stochastische Standardabweichung = Streuung)

Wie kann man das Konfidenzintervall mit bekanntem σ herleiten?

Wir müssen die Verteilung von M bestimmen:

$$M = \frac{1}{n} \underbrace{\sum_{j=1}^{n} \underbrace{\tilde{X}_j}_{N(\mu,\sigma)}}_{\overset{\text{über Faltung}}{=} N(n\mu, \sqrt{n}\sigma)} \quad \ldots N\left(\mu, \frac{\sigma}{\sqrt{n}}\right)$$

Problem: $N\left(\mu, \dfrac{\sigma}{\sqrt{n}}\right)$ finden wir in unserer Tabelle nicht.

Lösung: Daher μ abziehen, damit wir $N(0, \ldots)$ erhalten, durch σ dividieren und mit $\sqrt{n}$ multiplizieren, damit wir

$N(0,1)$ erhalten.

Insgesamt erhalten wir: $\dfrac{M - \mu}{\sigma}\sqrt{n} \ldots N(0,1)$−verteilt

Somit brauchen wir nur mehr die Ungleichung auszurechnen: $-x \leq \dfrac{M - \mu}{\sigma}\sqrt{n} \leq x$

Konfidenzintervalle für normalverteilte Zufallsvariable mit bekanntem σ

$$K = \left[m - x\frac{\sigma}{\sqrt{n}}, \; m + x\frac{\sigma}{\sqrt{n}}\right]$$

Antworten:

1.) Mit Sicherheit γ liegt μ in K

2.) $P(\mu \in K) = \gamma$

3.) Jedem μ wird ein Schätzbereich zugeordnet: $\mu \mapsto I_\mu$, sodass $P(M \in I_\mu) = \gamma$, $K = \{\mu : m \in I_\mu\}$

(Einseitige) Tests für normalverteilte Zufallsvariable mit bekanntem σ

$$K := \left\{t : \; t \leq \mu_0 - x\frac{\sigma}{\sqrt{n}}\right\} \text{ bzw. } K := \left\{t : \; t \geq \mu_0 + x\frac{\sigma}{\sqrt{n}}\right\}$$

Antworten:

1.) $m \in K$: Mit Sicherheit γ wurde H_1 bewiesen.

2.) $m \notin K$: Mit Sicherheit γ sprechen die Daten nicht gegen H_0

Statistische Testverfahren für normalverteilte Zufallsvariable mit unbekanntem σ

Weil σ nicht gegeben ist, nehmen wir die Standardabweichung

Konfidenzintervall für μ

$$K = \left[m - x\frac{s}{\sqrt{n}}, \ m + x\frac{s}{\sqrt{n}} \right]$$

Antworten:

    1.) Mit Sicherheit γ liegt μ in K

    2.) $P(\mu \in K) = \gamma$

    3.) $\mu \mapsto I_\mu$, sodass $P(M \in I_\mu) = \gamma$, $K = \{\mu : \ m \in I_\mu\}$

Einseitiger Test für μ

$$y := \frac{\mu_0 - m}{s}\sqrt{n} \ \text{bzw.} \ y := \frac{m - \mu_0}{s}\sqrt{n}$$

Antworten:

    1.) $y \geq x$: Mit Sicherheit γ wurde H_1 bewiesen.

    2.) $y \leq x$: Mit Sicherheit γ sprechen die Daten nicht gegen H_0

Konfidenzintervall für σ

$$K = \left[s - \sqrt{\frac{n-1}{x_2}}, s + \sqrt{\frac{n-1}{x_1}} \right]$$

Antworten:

    1.) Mit Sicherheit γ liegt μ in K

    2.) $P(\sigma \in K) = \gamma$

    3.) $\sigma \mapsto I_\sigma$, sodass $P(S \in I_\sigma) = \gamma$, $K = \{\sigma : \ s \in I_\sigma\}$

Statistische Verfahren für Wahrscheinlichkeiten oder Prozentsätze

Die politischen Parteien wollen vor der Wahl wissen, wie viele Stimmen sie haben werden. Man versucht zu schätzen.

Problem: Nicht immer antworten alle ehrlich.

Konfidenzintervalle

$K = [p_1, p_2]$

Antworten:

1.) Mit Sicherheit γ liegt p in K

2.) $P(p \in K) = \gamma$

3.) $p \mapsto I_p$, sodass $P(M \in I_p) = \gamma$, $K = \{p : m \in I_p\}$

Einseitige Tests

$$K = \{t : t \le np_0 - x\sqrt{np_0(1 - p_0)}\} \text{ bzw. } K = \{t : t \ge np_0 + x\sqrt{np_0(1 - p_0)}\}$$

Antworten:

1.) $nm \in K$: Mit Sicherheit γ wurde H_1 bewiesen.

2.) $nm \notin K$: Mit Sicherheit γ sprechen die Daten nicht gegen H_0

Der Chi-Quadrat-Anpassungstest

$$d^2 = \sum_{j=1}^{r} \frac{t_j^2}{np_j} - n$$

Antworten:

1.) $d^2 \le x$: Mit Sicherheit γ sprechen die Daten nicht gegen die vorgegebene Verteilung

2.) $d^2 > x$: Mit Sicherheit γ wurde bewiesen, dass die vorgegebene Verteilung falsch ist

Der Chi-Quadrat-Unabhängigkeitstest

$$d^2 = n \left(\sum_{j=1}^{s} \sum_{k=1}^{r} \frac{t_{j,k}^2}{\left(\sum_{p=1}^{s} t_{p,k}\right)\left(\sum_{p=1}^{r} t_{j,p}\right)} - 1 \right) = n \left(\sum \frac{\text{Wert}^2}{\text{Zeilensumme} \cdot \text{Spaltensumme}} - 1 \right)$$

Antworten:

1.) $d^2 \le x$: Mit Sicherheit γ sprechen die Daten nicht gegen die Unabhängigkeit

2.) $d^2 > x$: Mit Sicherheit γ wurde bewiesen, dass die Merkmale nicht unabhängig sind

BEI GRIN MACHT SICH IHR WISSEN BEZAHLT

- Wir veröffentlichen Ihre Hausarbeit,
  Bachelor- und Masterarbeit

- Ihr eigenes eBook und Buch -
  weltweit in allen wichtigen Shops

- Verdienen Sie an jedem Verkauf

Jetzt bei www.GRIN.com hochladen und kostenlos publizieren